公共建筑

PUBLIC BUILDING

2014 建筑 + 表现

北京吉典博图文化传播有限公司

I

中国林业出版社

图书在版编目（CIP）数据

2014中国建筑表现集成．1，公共建筑 / 北京吉典博图文化传播有限公司编．-- 北京 ：中国林业出版社，2014.8

ISBN 978-7-5038-7617-2

Ⅰ．①2… Ⅱ．①北… Ⅲ．①公共建筑－建筑设计－作品集－中国－现代 Ⅳ．①TU206 ②TU242

中国版本图书馆CIP数据核字(2014)第189516号

主　　编：李　壮
执行主编：迟　锋
艺术指导：陈　利
编　　写：迟　锋　孙　佳　田　柳　王　瑞　顾吉胜　位玉斌　韦成刚　高　松　李　秀　田　野
组　　稿：齐艳萍
设计制作：张　宇　叶丽华　李民杰

中国林业出版社　建筑与家居出版中心
责任编辑：纪　亮　王思源
出版咨询：（010）83225283

出　版：中国林业出版社（100009 北京西城区德内大街刘海胡同7号）
网　站：http://lycb.forestry.gov.cn
E-mail：cfphz@public.bta.net.cn
印　刷：北京利丰雅高长城印刷有限公司
发　行：中国林业出版社
电　话：（010）8322 5283
版　次：2014年9月第1版
印　次：2014年9月第1次
开　本：635mm×965mm，1/16
印　张：20
字　数：200千字
定　价：360.00元

目录 CONTENTS

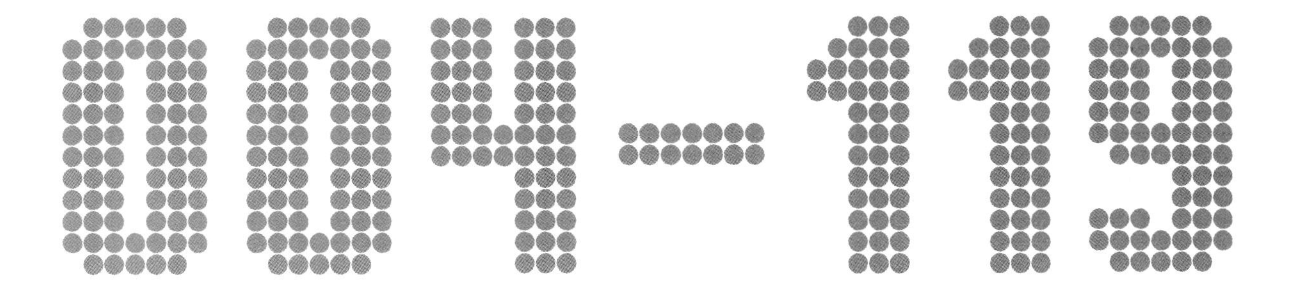

酒店宾馆

HOTEL AND GUESTHOUSE

2014 建筑＋表现

ART house

1 某酒店

绘制：宁波筑景

2 3 成都太升南路酒店

绘制：深圳筑之源

1

1 2 3 成都太升南路酒店

绘制：深圳筑之源

1 大中华酒店 方案二

绘制：深圳筑之源

1

1 大中华酒店 方案一

绘制：深圳筑之源

2 3 4 大中华酒店 方案二

绘制：深圳筑之源

1

2 大中华酒店 方案二

绘制：深圳筑之源

3 4 5 中达顺城街超高层

设计：曾铁英
绘制：蓝宇光影图文设计工作室

3

4

1 希尔顿酒店

设计：兰觅等
绘制：蓝宇光影图文设计工作室

2 时代山水

绘制：深圳筑之源

3 4 5 珠海投标

设计：贾楚
绘制：蓝宇光影图文设计工作室

5

2

3

1 意邦时代广场

设计：浙江安地
绘制：杭州弧引数字科技有限公司

2 江苏泗洪君瑞酒店

设计：深圳华艺建筑设计
绘制：深圳市水木数码影像科技有限公司

3 重庆某酒店

设计：北京轩辕景观规划设计有限公司
绘制：北京图道数字科技有限公司

1 重庆某酒店

设计：北京轩辕景观规划设计有限公司
绘制：北京图道数字科技有限公司

1

1 2 珠海酒店

设计：深圳市肯定建筑设计有限公司

绘制：深圳市普石环境艺术设计有限公司

3 三亚艾克拜尔饭店

设计：深圳市肯定建筑设计有限公司

绘制：深圳市普石环境艺术设计有限公司

1

2

3

1 2 3 Abu Dhabi World Trade Center

设计：奥地利 BAC
绘制：奥地利 BAC

4 5 6 Al Madina 酒店

设计：福斯特事务所
绘制：福斯特事务所

4

5

6

1 Pentominium Tower

设计：Andrew Bromberg
绘制：Andrew Bromberg

2 3 海岸大酒店

设计：深圳市肯定建筑设计有限公司
绘制：深圳市普石环境艺术设计有限公司

2

3

1

2

1 2 3 迪拜旋转塔

设计：大卫－舍费尔
绘制：大卫－舍费尔

1 印度塔

设计：FXFOWLE
绘制：FXFOWLE

2 3 大连世界

设计：中天集团
绘制：杭州骏翔广告有限公司

2

3

1 2 3 海口南沙路

设计：深圳市肯定建筑设计有限公司
绘制：深圳市普石环境艺术设计有限公司

3

1

3

1 2 3 4 5 6 徽商大厦

设计：宏正建筑设计院

绘制：杭州景尚科技有限公司

5

6

1 某酒店

绘制：上海日盛 & 南宁日易

2 龙岗中科

设计：深圳市肯定建筑设计有限公司
绘制：深圳市普石环境艺术设计有限公司

2

1

1 2 3 罗兰斯宝

设计：深圳市肯定建筑设计有限公司
绘制：深圳市普石环境艺术设计有限公司

1

2

1 2 望湖国际

绘制：杭州景尚科技有限公司

1

2

1 某酒店

绘制：武汉擎天建筑设计咨询有限公司

2 金塘西堠工业

设计：舟山建筑规划设计研究院
绘制：杭州骏翔广告有限公司

1

1 梅林大厦

设计：大观园园林设计有限公司
绘制：深圳市普石环境艺术设计有限公司

2 3 文昌酒店

设计：城市开发规划分院
绘制：上海凝筑

1

2

3

1 山东运河城

设计：山东济宁华园建筑设计院
绘制：上海凝筑

2 重庆大渡口

设计：LWK(HK) 建筑设计
绘制：深圳市水木数码影像科技有限公司

3 安徽阜阳

设计：上海原筑建筑设计公司
绘制：上海凝筑

1 江西铅山国际大酒店

绘制：杭州骏翔广告有限公司

2 辛庄 D 地块

设计：辛庄 D 地块
绘制：北京百典数字科技有限公司

3 某酒店

设计：合肥工大院
绘制：合肥徽源图文设计工作室

3

1 乌镇酒店

设计：鸿翔建筑
绘制：杭州弧引数字科技有限公司

2 成都中海超高层

设计：深圳华艺建筑设计
绘制：深圳市水木数码影像科技有限公司

3 某酒店

绘制：上海日盛 & 南宁日易

1 2 3 某酒店方案

绘制：上海日盛 & 南宁日易

1 江苏泗洪君瑞酒店

设计：深圳华艺建筑设计
绘制：深圳市水木数码影像科技有限公司

1

昆仑万豪酒店
1

LOUIS VUITTON
GUESS
2

1 2 3 让湖路酒店

设计：新外建筑设计有限公司
绘制：上海赫智建筑设计有限公司

1 重庆某酒店

设计：北京轩辕景观规划设计有限公司
绘制：北京图道数字科技有限公司

1

1 正恒酒店

设计：北京易兰建筑规划设计有限公司
绘制：北京图道数字科技有限公司

2 某酒店三期

设计：世纪千俯
绘制：杭州弧引数字科技有限公司

2

1 某酒店

设计：某建筑设计单位
绘制：北京图道数字科技有限公司

2 定州大世界冷链

设计：中国电子工程设计院
绘制：北京图道数字科技有限公司

3 轨道投标

设计：厦门华炀工程设计　傅强
绘制：厦门众汇 ONE 数字科技有限公司

WESTIN
VICHY
SHISEIDO
3

1 2 轨道投标

设计：厦门华炀工程设计　傅强
绘制：厦门众汇 ONE 数字科技有限公司

WESTIN
HOTELS & RESORTS
TISSOT
ROLEX
PRADA
GUCCI
GUESS
JEANS

2

YINHU HOTEL
银湖酒店
YINHU HOTEL

1 翰泓

设计：卓筑
绘制：南昌艺构图像

2 中富项目

设计：珠海某设计师
绘制：天海图文设计

3 建业大厦项目

设计：国恒建筑设计四所
绘制：成都上润图文设计制作有限公司

3

■1 某酒店

设计：亚马逊建筑装饰工程有限公司
绘制：天海图文设计

■2 ■3 某酒店

设计：亚马逊建筑装饰工程有限公司
绘制：天海图文设计

■4 成都酒店项目概念方案

设计：深圳通汇置业公司
绘制：成都上润图文设计制作有限公司

■ 武汉新桃园沙湖项目

设计：武汉中合元创建筑设计有限公司

■ 北欧项目

设计：四川国鼎建筑设计
绘制：成都上润图文设计制作有限公司

2

1 2 仁和春天百货酒店

绘制：成都市浩瀚图像设计有限公司

2

■1 仁和春天百货酒店

绘制：成都市浩瀚图像设计有限公司

■2 ■3 二郎山酒店

设计：正东建筑　田林
绘制：成都市浩瀚图像设计有限公司

1 2 宁波某共建

设计：上海弘城国际建筑设计有限公司
绘制：上海携客数字科技有限公司

1

2

3

1 宁波某共建

设计：上海弘城国际建筑设计有限公司
绘制：上海携客数字科技有限公司

2 银川项目

设计：佚名
绘制：上海携客数字科技有限公司

3 青岛某酒店

设计：山东同圆
绘制：雅色机构

1

2

1 2 3 海南酒店

设计：正东建筑　田林
绘制：成都市浩瀚图像设计有限公司

3

1

2 3 海南酒店

设计：正东建筑　田林
绘制：成都市浩瀚图像设计有限公司

2 3 海南酒店

设计：正东建筑 田林
绘制：成都市浩瀚图像设计有限公司

2

3

1 2 3 4 海南酒店

设计：正东建筑　田林
绘制：成都市浩瀚图像设计有限公司

2

3

4

1 2 海南酒店

设计：正东建筑　田林
绘制：成都市浩瀚图像设计有限公司

3 三亚某酒店

设计：上海海珠建筑设计有限公司
绘制：上海艺筑图文设计有限公司

3

1

2

1 2 三亚某酒店

设计：上海海珠建筑设计有限公司
绘制：上海艺筑图文设计有限公司

3 沁阳酒店

设计：中机十院国际工程有限公司（洛阳分公司）
绘制：洛阳张涵数码影像技术开发有限公司

3

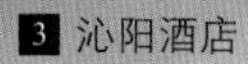

1 2 咸阳综合体项目

设计：深圳市筑联建筑设计有限公司
绘制：深圳市原创力数码影像设计有限公司

2

1 2 3 咸阳综合体项目

设计：深圳市筑联建筑设计有限公司
绘制：深圳市原创力数码影像设计有限公司

3

1 2 3 迪富宾馆

设计：深圳市同济人建筑设计有限公司
绘制：深圳市原创力数码影像设计有限公司

2

3

1 2 3 新港酒店

绘制：丝路数码技术有限公司

2

J'adore
Calvin Klein
VERSACE
Calvin Klein
LOUIS VUITTON
BOSS
VERSACE
Calvin Klein
LOUIS VUITTON

3

1 2 3 某游客服务中心方案一

设计：湖南省建筑设计院
绘制：天海图文设计

2

3

1 2 某游客服务中心方案二

设计：湖南省建筑设计院
绘制：天海图文设计

1

苏仙岭透视

设计：湖南省建筑设计院

■ 苏仙岭鸟瞰

设计：湖南省建筑设计院

1

■1 ■2 ■3 阿尔比斯高山庇护所

设计：法国 DCA

■4 ■5 ■6 HATLEHOL CHURCH

设计：丹麦 C. F. MOLLER ARCHITECTS

5

6

1

2

3

东北鸟瞰

设计：舟山建筑规划设计研究院
绘制：杭州骏翔广告有限公司

2 3 舟山五星宾馆群

设计：舟山建筑规划设计研究院
绘制：杭州骏翔广告有限公司

3

1 长白山

设计：上海华都国际设计
绘制：上海凝筑

2 3 山西孝义

设计：上海华都国际设计
绘制：上海凝筑

■ 孔子学院

设计：上海华东发展城建设计有限公司
绘制：上海凝筑

1

1

2

1 青浦别墅

设计：个人
绘制：上海凝筑

2 卧牛湖

设计：个人
绘制：上海凝筑

1 卧牛湖

设计：个人
绘制：上海凝筑数字科技

1

1 三官堂

设计：中联程泰宁建筑设计研究院
绘制：上海凝筑

2 某度假村项目

设计：厦门喜邦建筑设计 王工
绘制：厦门众汇 ONE 数字科技有限公司

1 2 3 漳州奥体中心湖心岛

设计：中国建筑科学研究院厦门分院　庄严
绘制：厦门众汇 ONE 数字科技有限公司

3

swatch
calvin
Klein
JEANS
MISS SIXTY
1

2

3

4

2 3 某项目

设计：厦门喜邦建筑设计　王工
绘制：厦门众汇 ONE 数字科技有限公司

4 某会所

绘制：厦门众汇 ONE 数字科技有限公司

TAG
marsans
DECLEOR
DAIKIN
1

2

3

1 版纳别墅

设计：深圳市加华创源建筑设计有限公司
绘制：深圳市原创力数码影像设计有限公司

2 观澜会所

设计：刘巧文
绘制：深圳市原创力数码影像设计有限公司

3 4 西安周秦汉风韵

设计：西安鼎凡视觉工作室
绘制：西安鼎凡视觉工作室

4

3

1 某度假村

绘制：成都上润图文设计制作有限公司

2 西藏拉萨

设计：国鼎建筑设计
绘制：成都上润图文设计制作有限公司

3 城南咖啡馆项目

设计：西南建筑设计四所
绘制：成都上润图文设计制作有限公司

4 乐至南湖项目

设计：四川国恒建筑设计
绘制：成都上润图文设计制作有限公司

4

1 成都凤凰城项目

设计：四川南海设计
绘制：成都上润图文设计制作有限公司

2 成都后花园

设计：美国思纳史密斯设计
绘制：成都上润图文设计制作有限公司

1

2

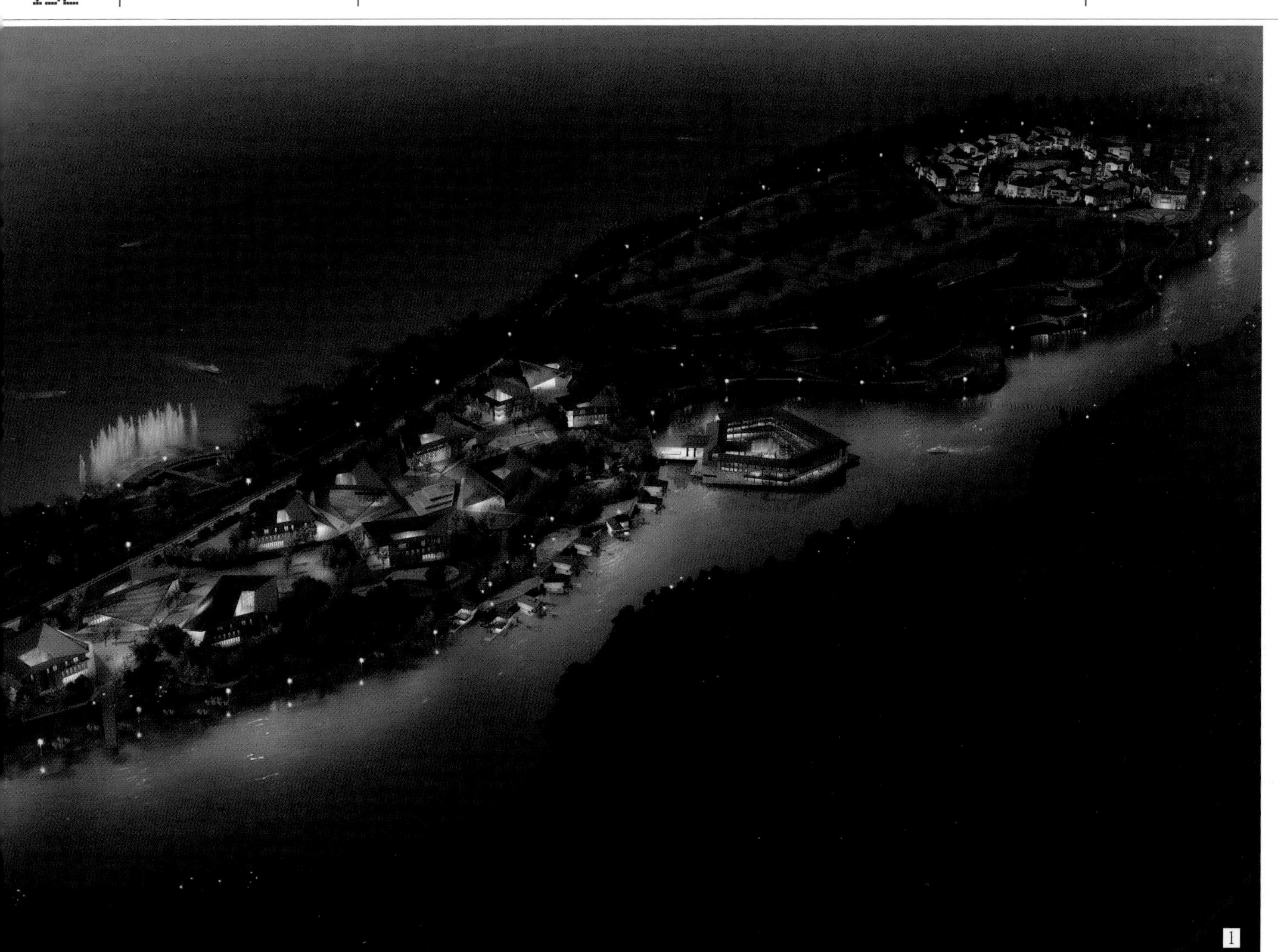

1

2

1 2 遂宁圣莲岛项目

设计：西南建筑设计七所
绘制：成都上润图文设计制作公司

3 腾冲度假酒店项目

设计：美国思纳史密斯设计
绘制：成都上润图文设计制作公司

3

1 2 东钱湖

设计：鸿翔建筑

绘制：杭州弧引数字科技有限公司

1

2

3

1 绍兴之江学院

设计：浙大经境
绘制：杭州弧引数字科技有限公司

2 会所

设计：北京龙安华诚　分院
绘制：北京百典数字科技有限公司

3 气象局

设计：省直建筑设计
绘制：杭州弧引数字科技有限公司

3

1 吉兆湾会所

设计：广东省建筑设计研究院深圳分院
绘制：深圳市深白数码影像设计有限公司

2 老年度假公寓

设计：北京市政工程设计院
绘制：北京百典数字科技有限公司

3 威尔顿

设计：广州柏源建筑设计有限公司
绘制：深圳千尺数字图像设计有限公司

1 铜陵旅游

设计：广州柏源建筑设计有限公司
绘制：深圳千尺数字图像设计有限公司

2 3 4 画家村

设计：广州柏源建筑设计有限公司
绘制：深圳千尺数字图像设计有限公司

3

4

1

2

1 2 3 4 海南诺德

设计：深圳市博万建筑设计事务所
绘制：深圳千尺数字图像设计有限公司

5 中式小规划

设计：湖南省建筑科学研究院
绘制：长沙市工凡建筑效果图

6 禹羌文化休闲旅游度假区

设计：四川同轩建筑设计有限公司
绘制：绵阳瀚影数码图像设计有限公司

3

4

5

6

1
2

企业家俱乐部
3

1 淀粉厂

设计：南大二所
绘制：南昌艺构图像

2 八大山人

设计：南大二所
绘制：南昌艺构图像

3 银湖会所

设计：省院研究所
绘制：南昌艺构图像

4 某会所

绘制：南昌艺构图像

3

4

5

1 某会所

设计：重庆博建
绘制：光辉城市　陈禹

2 3 4 5 某会所

设计：重庆博建
绘制：光辉城市　郭洪秀

3

4

1 某会所

绘制：光辉城市　陈禹

2 **3** 某地度假园区项目

设计：天友建筑设计郑州公司
绘制：郑州 DECO 建筑影像设计公司

4 知青之家方案鸟瞰

设计：夏工
绘制：天海图文设计

1 2 3 普宁寺

设计：上海济景建筑设计有限公司
绘制：上海艺筑图文设计有限公司

2

3

1 2 3 4 5 普宁寺

设计：上海济景建筑设计有限公司
绘制：上海艺筑图文设计有限公司

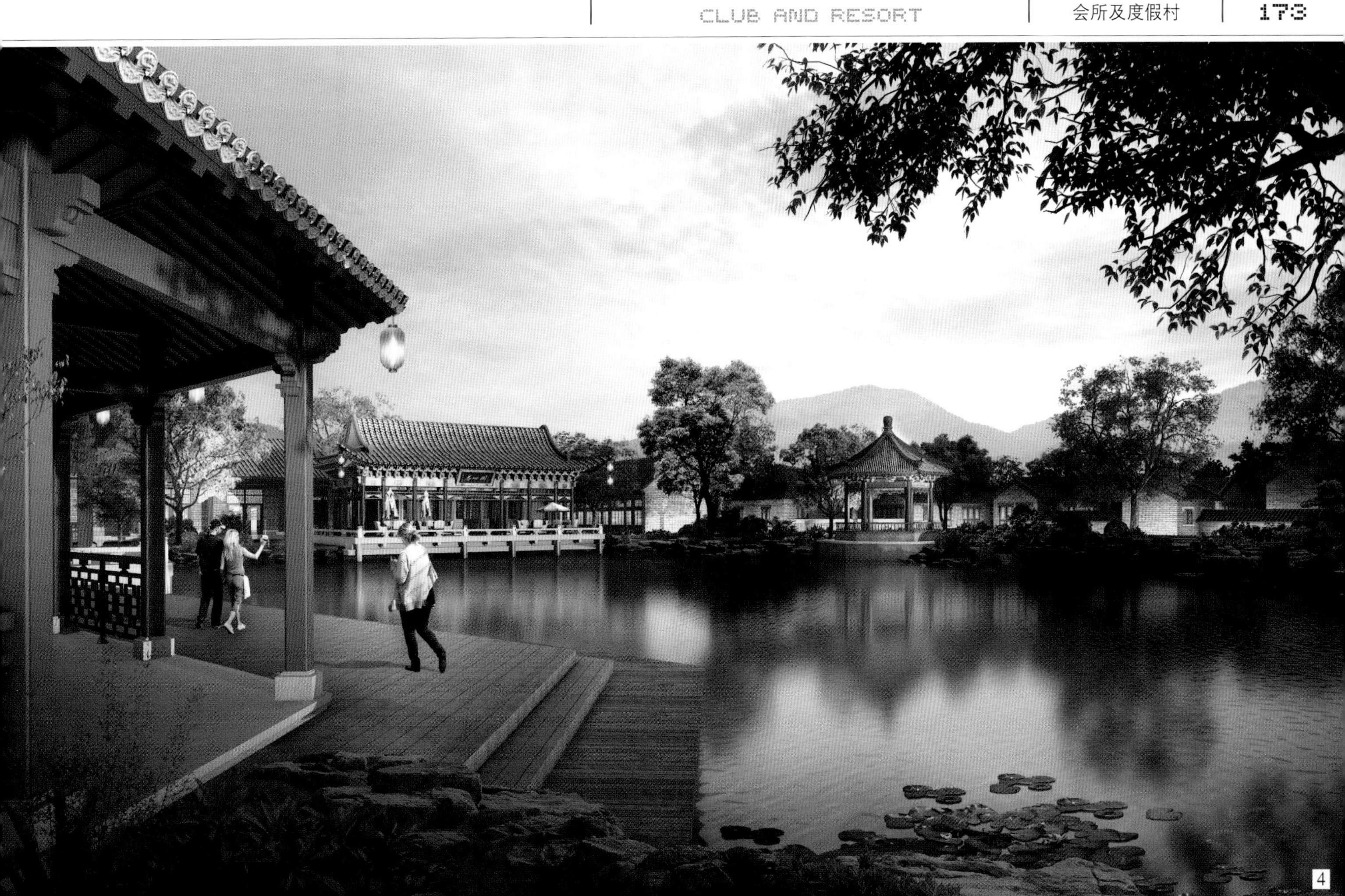

4

5

1

2

3

4

1 2 3 某会所

设计：北京舍垣
绘制：雅色机构

4 5 某会所

设计：山东同圆
绘制：雅色机构

5

1 2 丹尼斯洛阳九洲

设计：Chapman Taylor
绘制：上海携客数字科技有限公司

3 泰山苗木花卉市场

设计：上海久一建筑规划设计有限公司
绘制：上海携客数字科技有限公司

4 泰山茶园

设计：上海久一建筑规划设计有限公司
绘制：上海携客数字科技有限公司

3

4

1

2 3 4 5 海南某游艇中心

设计：上海那方建筑设计有限公司
绘制：上海携客数字科技有限公司

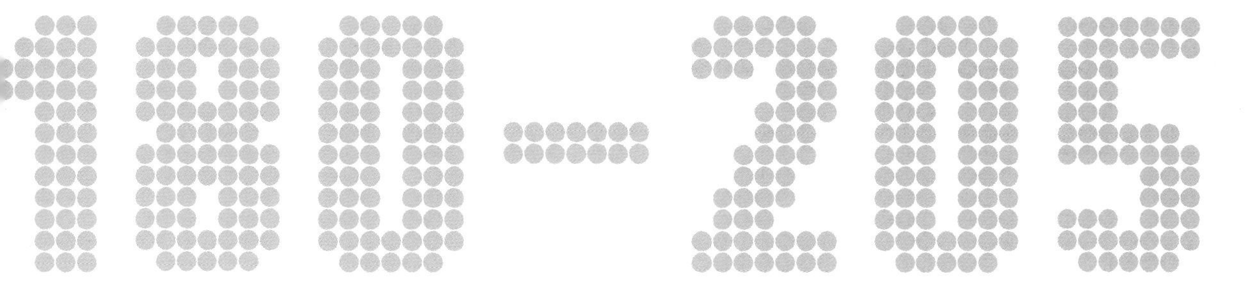
180-205

文化中心
CULTURE CENTER
2014 建筑 + 表现

1

1 2 3 证大喜玛拉雅艺术中心

设计：矶崎新工作室

4 5 Sede per il Consiglio Generale dei Landes

设计：5 +1 AA 工作室

4

5

1

2

3

4

1 利辛文博物馆

设计：某建筑设计单位
绘制：北京图道数字科技有限公司

2 商洛市文化艺术中心

设计：香港华艺设计顾问（深圳）有限公司重庆分公司
绘制：重庆天艺数字图像

3 韶关某文化中心

设计：中国机械工程设计研究院
绘制：北京百典数字科技有限公司

4 调度中心方案

设计：沈阳新大陆建筑设计有限公司
绘制：沈阳帧帝三维建筑艺术有限公司

5 云南景颇

设计：世纪千俯
绘制：杭州弧引数字科技有限公司

5

钜融艺术

3

1 大理钜融城

设计：米格建筑设计
绘制：杭州弧引数字科技有限公司

2 3 4 安宁三馆一中心

设计：深圳华艺建筑设计
绘制：深圳市水木数码影像科技有限公司

4

1 2 3 4 安宁三馆一中心

设计：深圳华艺建筑设计
绘制：深圳市水木数码影像科技有限公司

3

4

1 2 安宁三馆一中心

设计：深圳华艺建筑设计
绘制：深圳市水木数码影像科技有限公司

3 银川艺术史公园

设计：东方园林设计
绘制：北京图道数字科技有限公司

4 福泉展览馆

设计：光合建筑
绘制：杭州弧引数字科技有限公司

5 大盘山博物馆

设计：米格建筑设计
绘制：杭州弧引数字科技有限公司

3

4

5

1

绍兴之江学院

设计：浙大经境
绘制：杭州弧引数字科技有限公司

2 超高层文化中心

设计：卓筑
绘制：南昌艺构图像

■1 ■2 韶关市芙蓉新城文化“三馆”

设计：悉地国际第五工作室
绘制：丝路数码技术有限公司

■3 美术馆

设计：南大院
绘制：丝路数码技术有限公司

2

3

1 2 3 湖州四馆

设计：上海匠人规划建筑设计股份有限公司
绘制：上海艺筑图文设计有限公司

3

3

4

1 2 洛阳牡丹

设计：机械工业第四设计研究院
绘制：洛阳张涵数码影像技术开发有限公司

3 4 某老干部活动中心

设计：北京舍垣
绘制：雅色机构

1 2 某老干部活动中心

设计：北京舍垣
绘制：雅色机构

3 4 柳州文化中心

设计：天津大学建筑设计研究院
绘制：天津天砚建筑设计咨询有限公司

3

4

1

2

3

4

1 2 太湖艺术中心

设计：程泰宁
绘制：上海艺筑图文设计有限公司

3 4 陕西商洛市文化艺术中心

设计：香港华艺设计顾问（深圳）有限公司重庆分公司
绘制：重庆天艺数字图像

1 2 3 Softbridge Building

设计：Zaha Hadid

4 5 6 捷克新国家图书馆

设计：法国 DCA

4

5

6

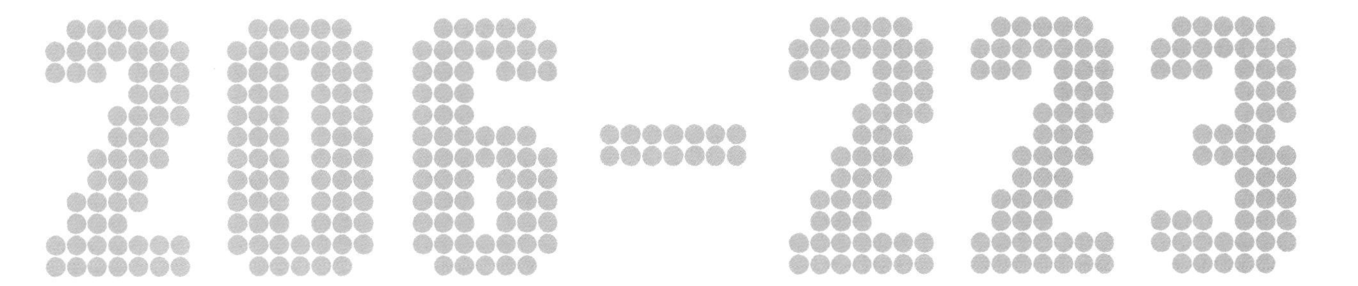
206-223

展览中心
MUSEUM CENTER
2014 建筑十表现

1 2 3 深圳金州会议中心方案

设计：深圳某设计师
绘制：天海图文设计

2

3

1 2 3 4 陕西杨凌农业展览馆

设计：西安新时代（国际）建筑设计有限公司
绘制：西安鼎凡视觉工作室

5 虹桥会展中心项目

设计：UA 国际
绘制：丝路数码技术有限公司

3

4

5

1 2 某展览中心

设计：省直
绘制：南昌艺构图像

3 4 秦皇岛金山国际

设计：北京易兰建筑规划设计有限公司
绘制：北京图道数字科技有限公司

2

3

4

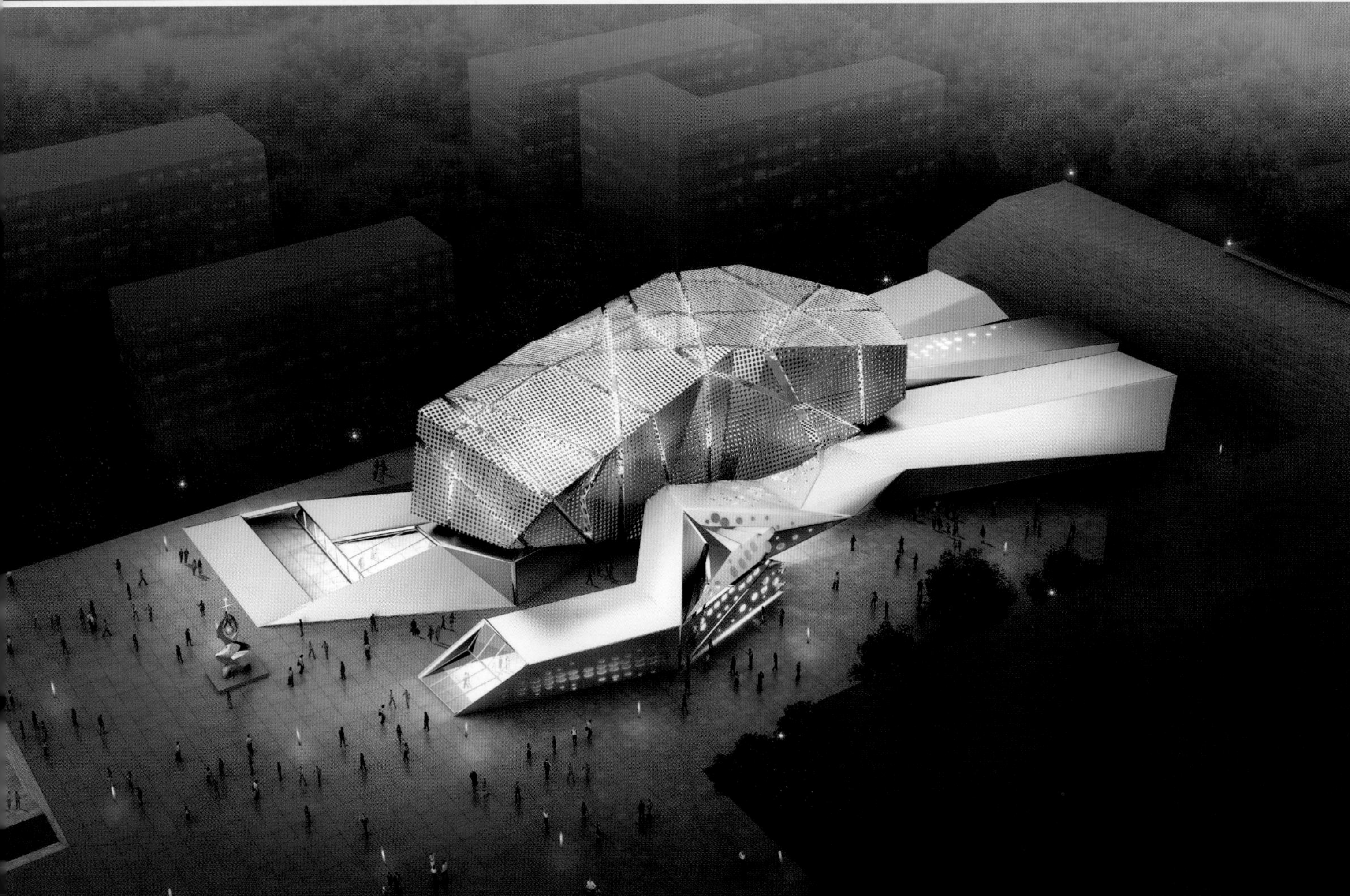

1 2 中物院新科技馆

设计：中国工程物理研究院建筑设计院
绘制：绵阳瀚影数码图像设计有限公司

3 4 绿地晋中

设计：程泰宁
绘制：上海艺筑图文设计有限公司

5 舍得酒业

设计：大陆建筑设计有限公司　李兵
绘制：成都市浩瀚图像设计有限公司

3

4

1 人南城市

设计：四川国恒建筑设计
绘制：成都上润图文设计制作有限公司

2 3 4 城南体育馆

设计：西南建筑设计
绘制：成都上润图文设计制作有限公司

3

4

1 2 3 大连国际会议中心

设计：奥地利蓝天组

3

1 2 北汽华东（镇江）基地

设计：中国汽车工业工程有限公司
绘制：洛阳张涵数码影像技术开发有限公司

3 4 5 加尔达湖滨展馆

设计：奥地利蓝天组

3

4

5

1 2 3 4 山东省省会文化艺术展览中心

设计：法国 AS

4

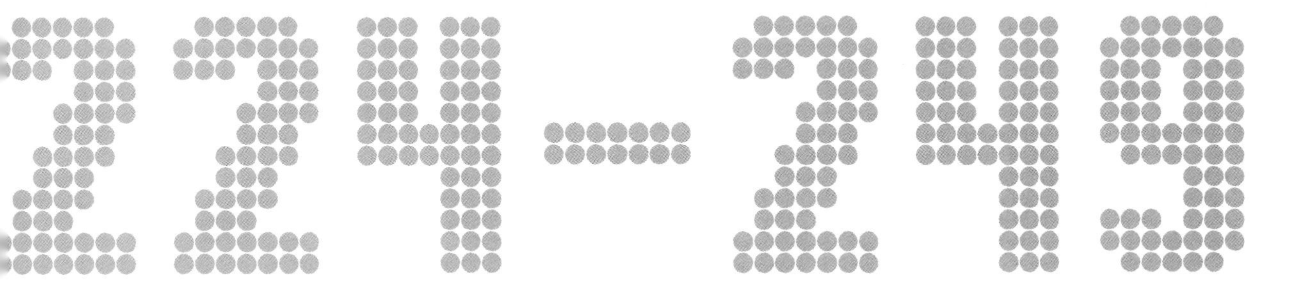

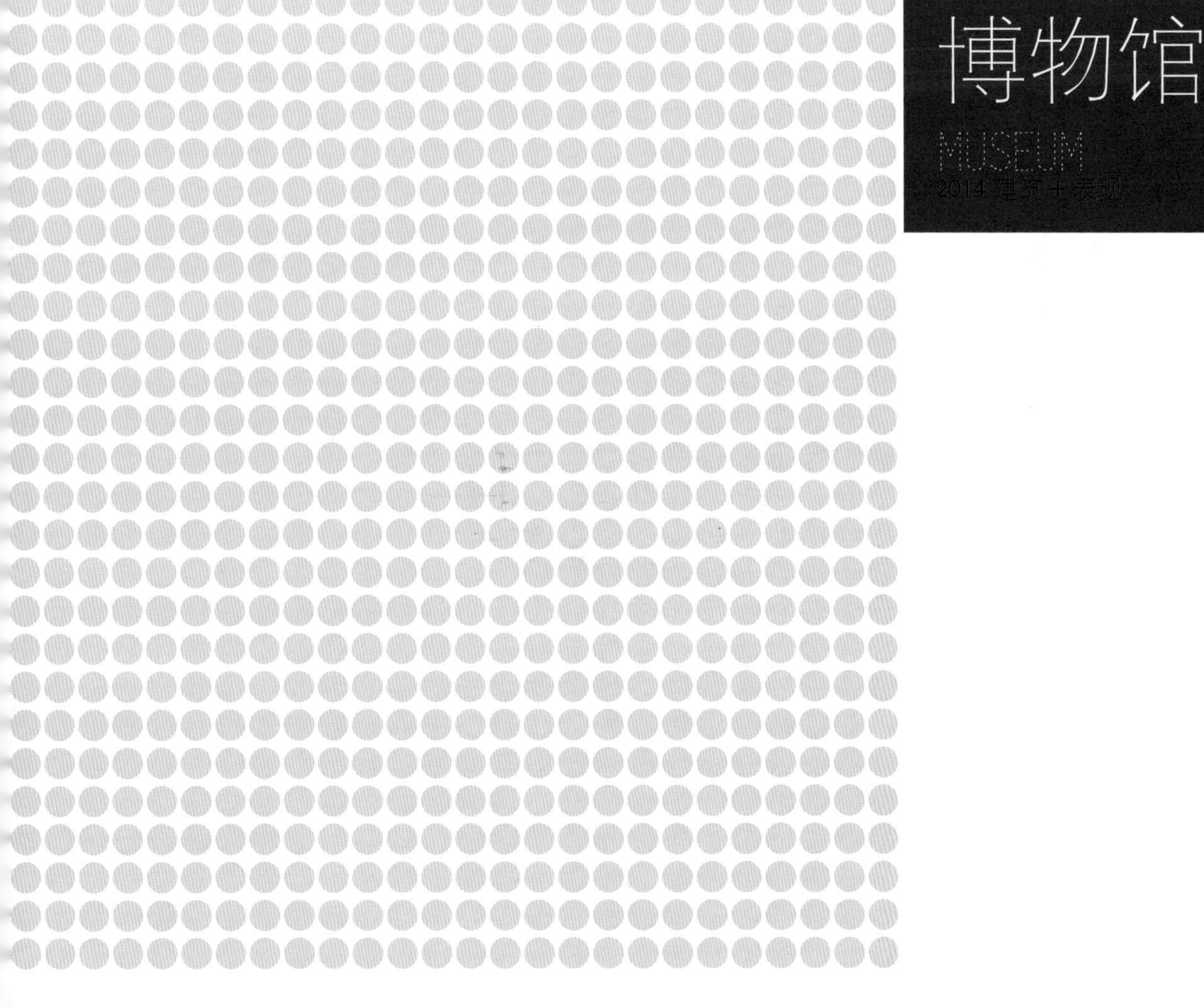

博物馆

MUSEUM

2014 建筑＋表现

1

2

3

1 博览城

设计：刘艺
绘制：蓝宇光影图文设计工作室

2 摄影博物馆

设计：前方工作室
绘制：蓝宇光影图文设计工作室

3 砚文化博物馆

设计：张园华
绘制：蓝宇光影图文设计工作室

1 2 3 4 摄影博物馆

设计：前方工作室
绘制：蓝宇光影图文设计工作室

5 6 南汉二陵博物馆

绘制：深圳筑之源

3

5

6

1 2 3 4 华艺绵阳

设计：香港华艺建筑设计咨询有限公司
绘制：深圳市普石环境艺术设计有限公司

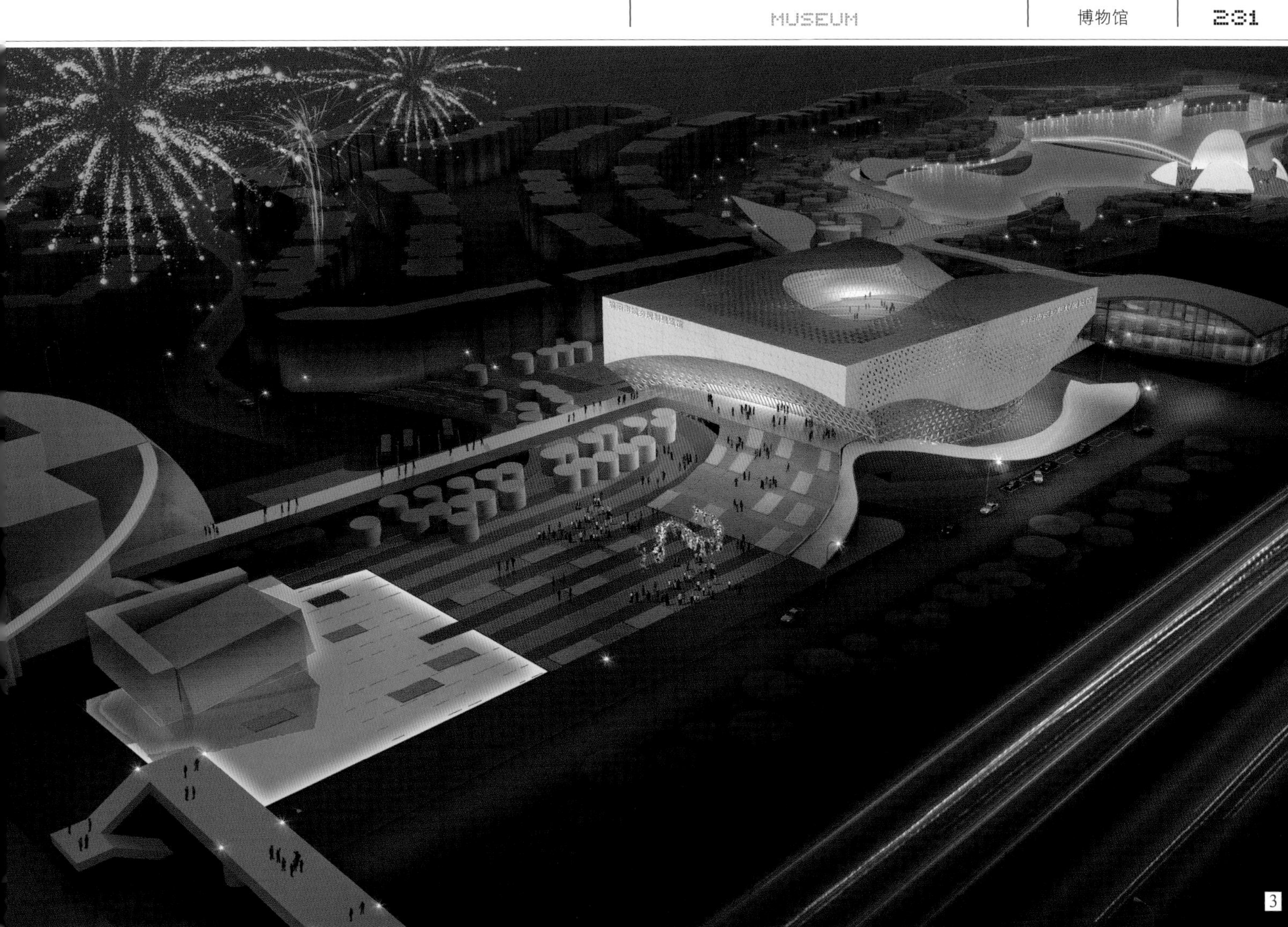

3

4

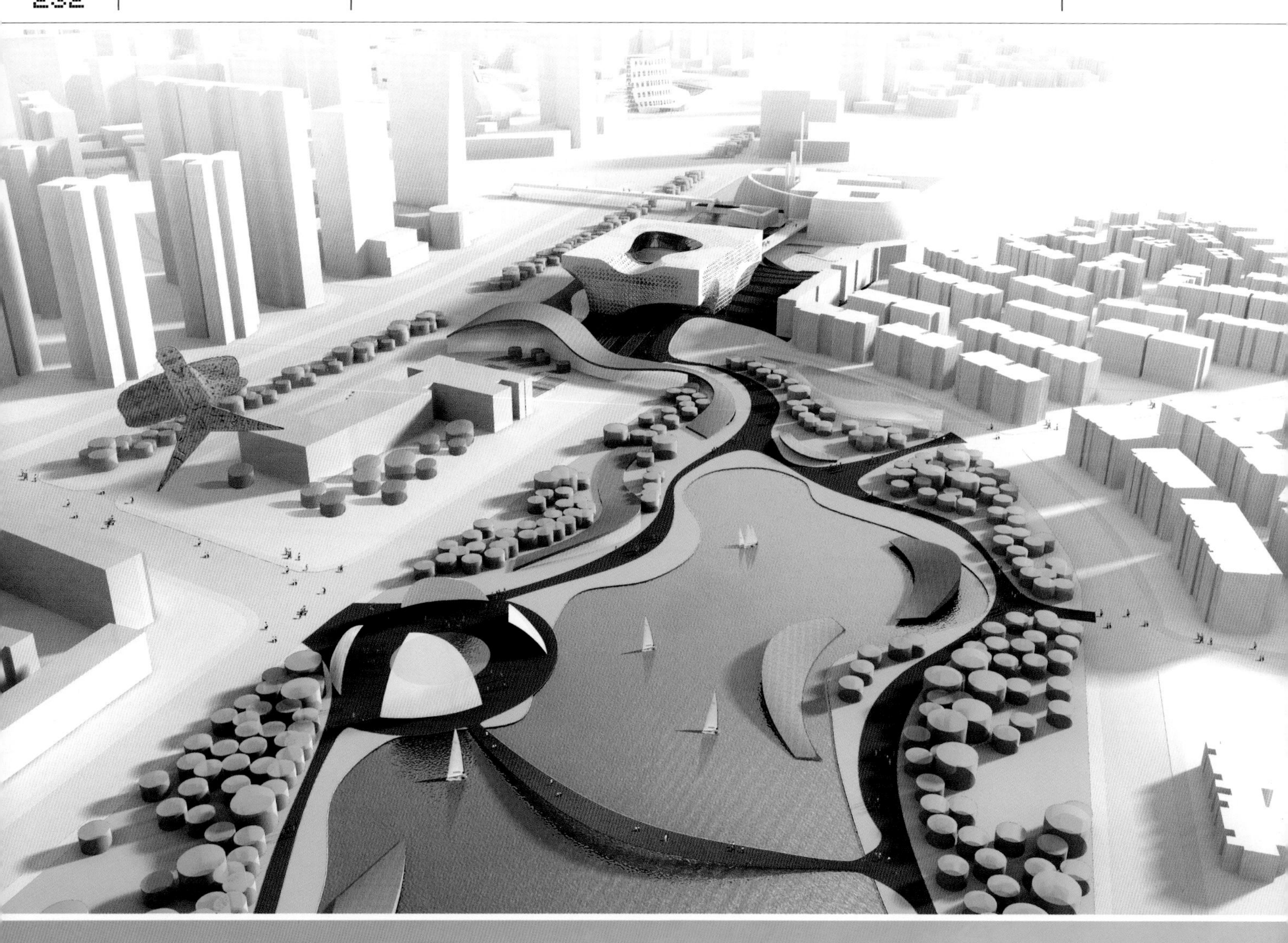

市城乡规划展览馆

3

2 华艺绵阳

设计：香港华艺建筑设计咨询有限公司
绘制：深圳市普石环境艺术设计有限公司

3 4 5 谢稚柳陈佩秋

设计：法国 AS

4

5

1 2 谢稚柳陈佩秋

设计：法国 AS

3 4 Drents Museum

设计：美国 Archi-Tectonics

3

4

1 2 南漳文化中心博物馆

设计：湖北省建筑设计院
绘制：武汉擎天建筑设计咨询有限公司

3 4 5 淅川规划馆

设计：王磊
绘制：上海域言建筑设计咨询有限公司

3

4

5

1 2 3 4 浙川博物馆

设计：王磊

绘制：上海城言建筑设计咨询有限公司

5 歙县中学

设计：浙江安地

绘制：杭州弧引数字科技有限公司

2

3

4

5

大渡口工业

3

4

2 3 某博物馆

设计：重庆 China6D 设计
绘制：光辉城市　陈禹

4 淮阳姓氏博物馆

设计：华东建筑设计研究院有限公司
绘制：丝路数码技术有限公司

1

2

1 2 华盛顿博物馆

设计：BurtHill
绘制：成都市浩瀚图像设计有限公司

3 4 博物馆

设计：正东建筑　田林
绘制：成都市浩瀚图像设计有限公司

3

2 3 博物馆

设计：正东建筑　田林
绘制：成都市浩瀚图像设计有限公司

4 5 昆明花博园项目

设计：BMP
绘制：上海携客数字科技有限公司

1 2 3 大亚湾展览馆

绘制：深圳市普石环境艺术设计有限公司

4 5 6 西藏自治区自然科学博物馆

设计：法国 AS
绘制：法国 AS

4

5

6

1

2

1 2 3 4 5 上海航天博物馆

设计：矶崎新工作室

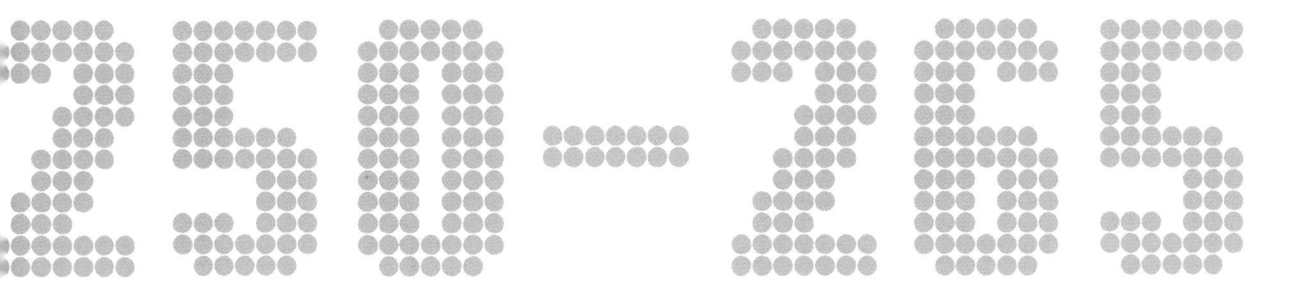

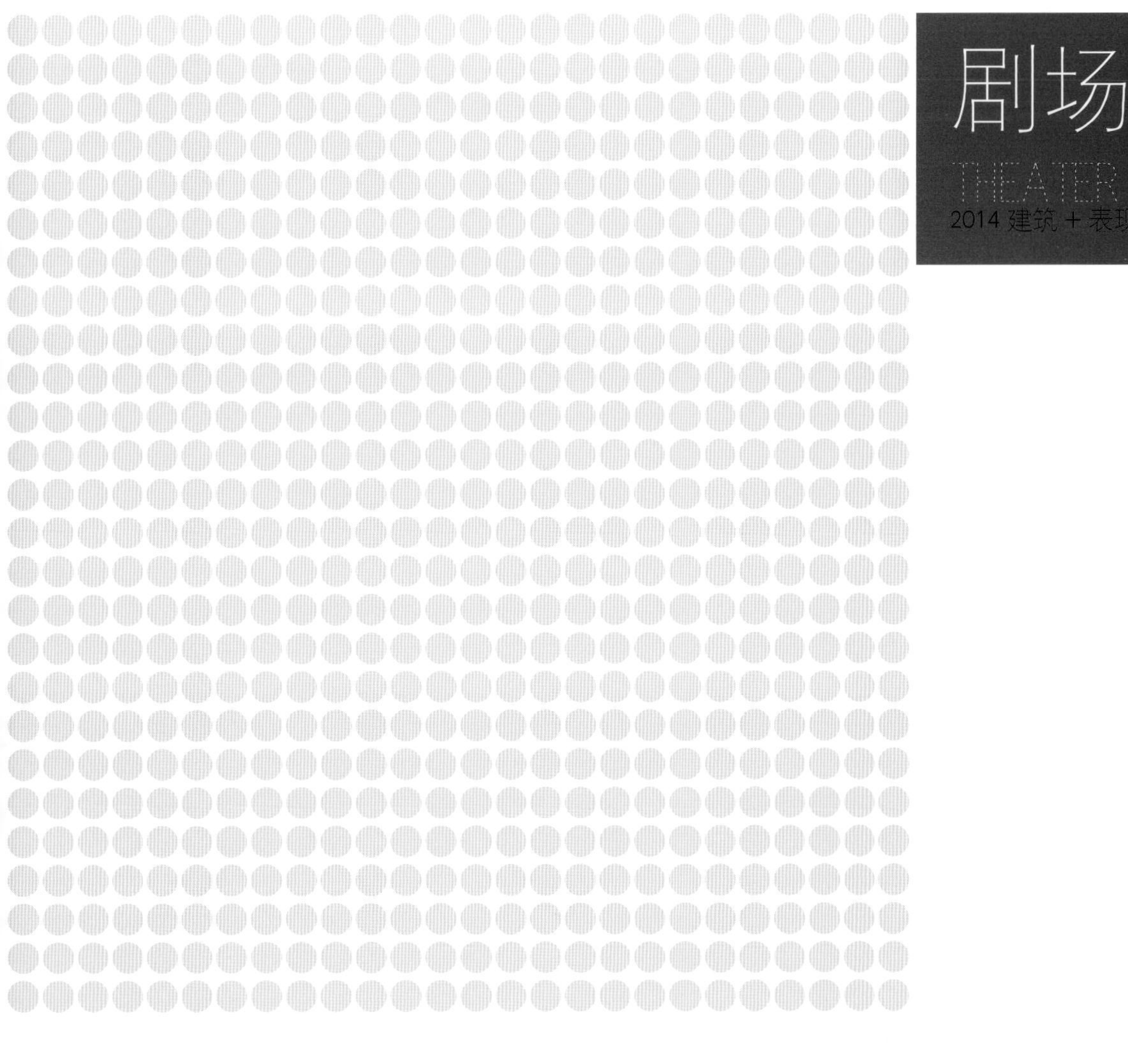

剧场

THEATER

2014 建筑＋表现

青海剧场

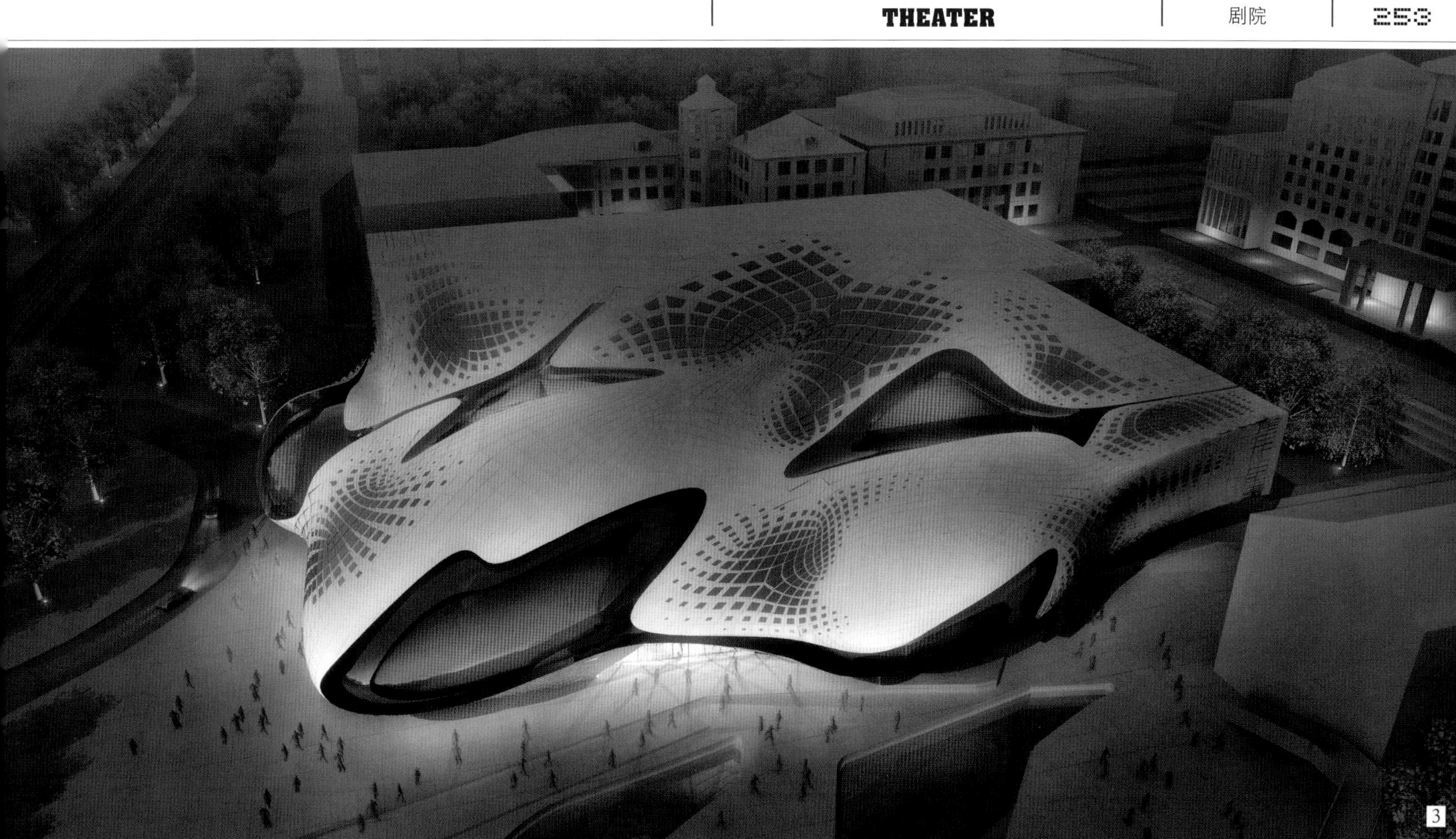

3

牡丹剧院

设计：某设计院
绘制：北京百典数字科技有限公司

2 西安青海剧场

设计：西安设计院
绘制：深圳市普石环境艺术设计有限公司

阳大学

设计：国外某建筑设计单位
绘制：北京图道数字科技有限公司

4 韩城某综合体项目

设计：西安汉嘉建筑设计有限公司
绘制：西安鼎凡视觉工作室

4

1

2

3

4

山东鑫环集团

设计：京易兰建筑规划设计有限公司
绘制：北京图道数字科技有限公司

2 洛阳市某剧院

设计：河南智博建筑设计有限公司
绘制：洛阳张涵数码影像技术开发有限公司

4 绿地晋中

设计：程泰宁
绘制：上海艺筑图文设计有限公司

QINGHAITHEATER

1 西安青海剧场

设计：西安设计院

绘制：深圳市普石环境艺术设计有限公司

2 3 4 龙城大剧院

设计：大陆建筑设计有限公司 李兵

绘制：成都市浩瀚图像设计有限公司

2

3

4

2 3 Congress Center in Krakow

设计：波兰 Ingarden & Ewy Architects

1

2

3

1 2 3 4 Edificio per Szervita Square

设计：Zaha Hadid per Szervita Square

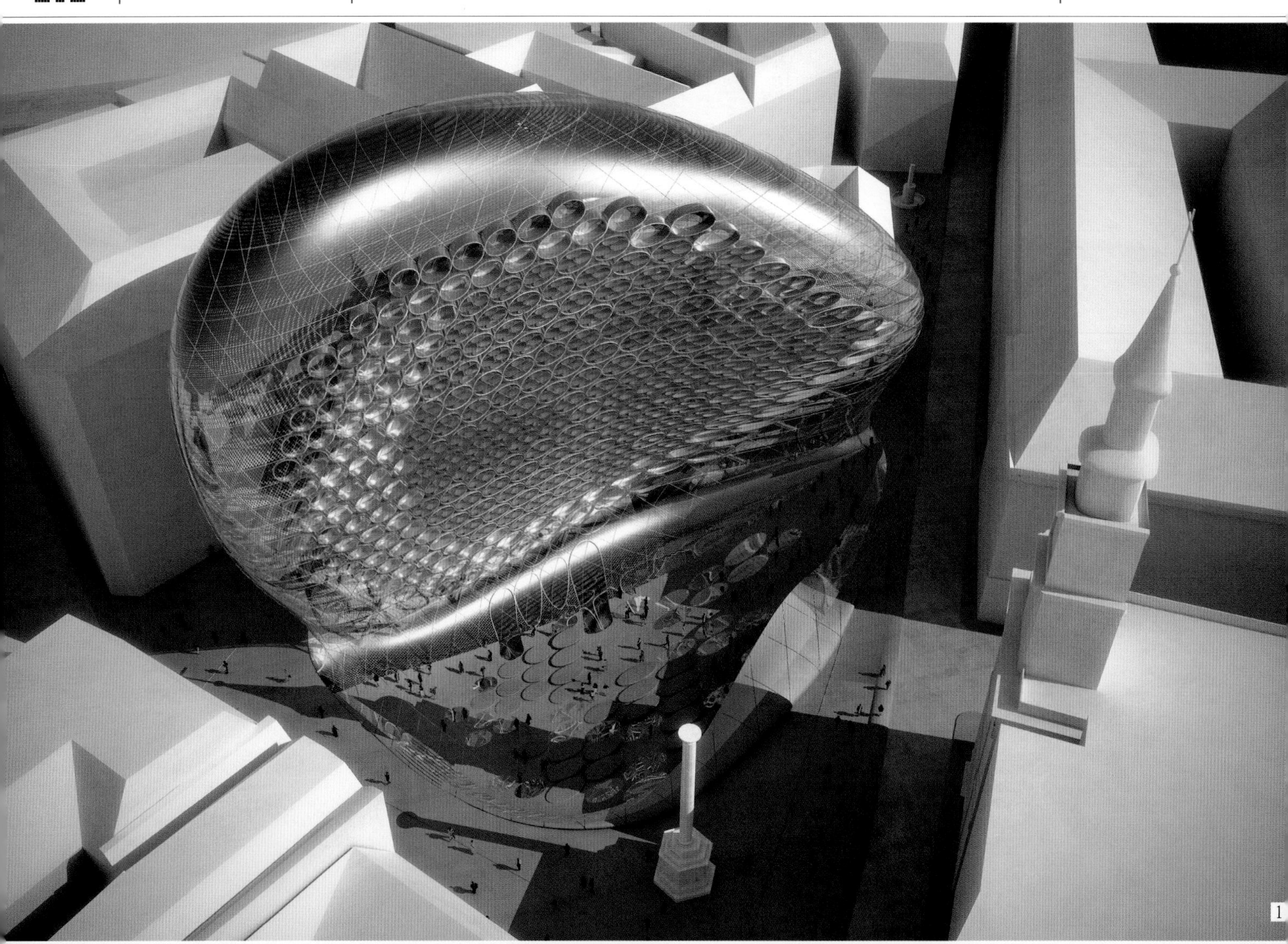

1

1 2 3 4 Edificio per Szervita Square

设计：Zaha Hadid per Szervita Square

2

3

4

1 2 3 阿布扎比表演艺术中心

设计：Zaha Hadid

4 5 6 7 宫德尔影院

设计：雷姆·库哈斯

4

5

6

7

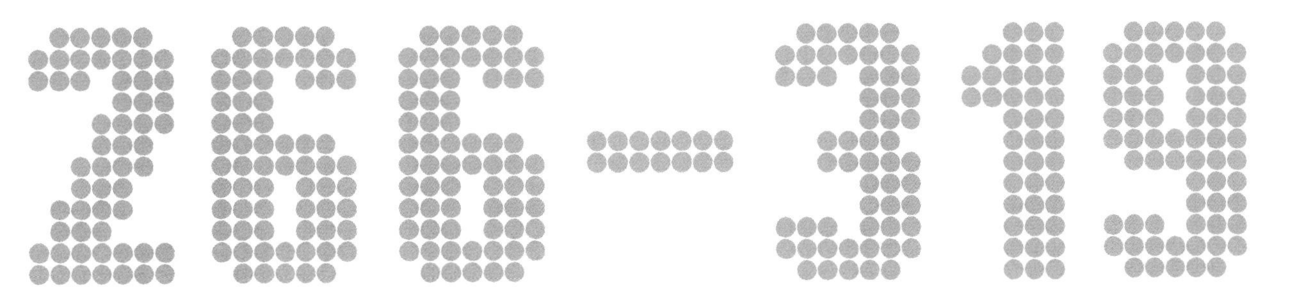

景观设计

LANDSCAPE DESIGN

2014 建筑＋表现

3

画家村

设计：广州柏源建筑设计有限公司
绘制：深圳千尺数字图像设计有限公司

如意广场

设计：北京龙安华诚园林所
绘制：北京百典数字科技有限公司

2 横山洲连岛桥

设计：珠海建筑规划设计院深圳分院
绘制：深圳千尺数字图像设计有限公司

1 2 3 4 东西通道

设计：杭州景尚科技有限公司

3

4

1

2

3

4

小区景观

设计：某建筑设计单位
绘制：北京图道数字科技有限公司

西充某景观

设计：某建筑设计单位
绘制：北京图道数字科技有限公司

2 3 山西会所

设计：北京易兰建筑规划设计有限公司
绘制：北京图道数字科技有限公司

5 野鸭湖景观规划

设计：北京易兰建筑规划设计有限公司
绘制：北京图道数字科技有限公司

5

3

4

贵阳六广河

设计：北京易兰建筑规划设计有限公司
绘制：北京图道数字科技有限公司

某景观

设计：北京易兰建筑规划设计有限公司
绘制：北京图道数字科技有限公司

2 3 大溪谷

设计：北京易兰建筑规划设计有限公司
绘制：北京图道数字科技有限公司

3

1 山西会所

设计：北京易兰建筑规划设计有限公司
绘制：北京图道数字科技有限公司

2 兰山书院

设计：北京易兰建筑规划设计有限公司
绘制：北京图道数字科技有限公司

4 东西溪河道设计

设计：北京易兰建筑规划设计有限公司
绘制：北京图道数字科技有限公司

4

1 烟台融科

设计：ANG
绘制：北京图道数字科技有限公司

2 3 厦门过云溪

设计：北京易兰建筑规划设计有限公司
绘制：北京图道数字科技有限公司

3

1

2

3

4

5

1 景观设计

绘制：北京图道数字科技有限公司

2 周庄

设计：二外
绘制：北京图道数字科技有限公司

3 贵阳六广河

设计：北京易兰建筑规划设计有限公司
绘制：北京图道数字科技有限公司

4 5 小区景观

设计：某建筑设计单位
绘制：北京图道数字科技有限公司

1 洛阳天惠项目

设计：北京易兰建筑规划设计有限公司
绘制：北京图道数字科技有限公司

2 某景观

设计：某建筑设计单位
绘制：北京图道数字科技有限公司

3 4 柳州某大桥方案设计

设计：中交第一公路勘察设计研究院
绘制：西安鼎凡视觉工作室

5 6 柳州某大桥方案设计

设计：中交第一公路勘察设计研究院
绘制：西安鼎凡视觉工作室

3

4

5

6

1 2 北环白河大桥方案

设计：中交第一公路勘察设计研究院
绘制：西安鼎凡视觉工作室

3 湿地公园景观平台

设计：陕西宏基建筑设计有限公司
绘制：西安鼎凡视觉工作室

4 某公园景观

绘制：杭州禾本

3

4

1

2

3

1 2 山西运城海关项目规划

设计：山西省运城市建筑设计研究院

绘制：西安鼎凡视觉工作室

4 5 6 柳州某大桥方案设计

设计：中交第一公路勘察设计研究院

绘制：西安鼎凡视觉工作室

3 湿地公园景观平台

设计：陕西宏基建筑设计有限公司

绘制：西安鼎凡视觉工作室

2 蝴蝶湖公园

设计：香港绿贝国际　李凯峰
绘制：成都市浩瀚图像设计有限公司

景观设计

绘制：南昌艺构图像

3 景观设计

绘制：南昌艺构图像

1

2

樟山牛山公园

设计：省院研究所
绘制：南昌艺构图像

2 滨江路景观

设计：卓筑
绘制：南昌艺构图像

某别墅景观设计

设计：省院研究所
绘制：南昌艺构图像

1

2

某小区

绘制：南昌艺构图像

2 吉安行政中心景观

设计：南大二所
绘制：南昌艺构图像

某小区景观

绘制：南昌艺构图像

4 5 蔚蓝郡

设计：省院研究所
绘制：南昌艺构图像

1 规划设计

绘制：南昌艺构图像

2 梅溪湖

设计：深圳协建设计
绘制：深圳市水木数码影像科技有限公司

3 4 佛山项目

设计：LWK(HK) 建筑设计
绘制：深圳市水木数码影像科技有限公司

3

4

GUCCI
CHANE
HUGO
Dior
PRADA
STARBUCKS COFFEE
1

2

2 怡和大道景观

设计：谭大正
绘制：成都市浩瀚图像设计有限公司

3 中国中铁景观

设计：谭大正 范晓东
绘制：成都市浩瀚图像设计有限公司

1 2 3 银川牧厂

设计：上海翰创
绘制：上海艺筑图文设计有限公司

4 某景观

设计：上海原筑
绘制：上海艺筑图文设计有限公司

5 嵊州农业园一期

设计：上海济景建筑设计有限公司
绘制：上海艺筑图文设计有限公司

3
4
5

2

3

1 2 景观项目

设计：阿特金斯顾问（深圳）有限公司上海分公司
绘制：上海艺筑图文设计有限公司

3 莫斯科公园

设计：北京市土人城市规划设计有限公司
绘制：丝路数码技术有限公司

4 湿地公园

设计：亚厦
绘制：杭州骏翔广告有限公司

5 文化广场规划

绘制：银河世纪图像数字科技有限公司

4

5

1 大兴景观

绘制：丝路数码技术有限公司

2 玄武湖东岸景区

设计：东大院
绘制：丝路数码技术有限公司

3 某古建项目

设计：深圳市建筑设计研究总院有限公司
绘制：深圳市深白数码影像设计有限公司

4 湖南波隆集团设计方案

设计：广州景森长沙分公司
绘制：长沙市工凡建筑效果图

3

4

1

2

1 万荣
绘制：银河世纪图像数字科技有限公司

2 博雅苑景观
绘制：银河世纪图像数字科技有限公司

3 天宝天鹅湾中心景观
绘制：银河世纪图像数字科技有限公司

4 德阳紫云府
绘制：重庆天艺数字图像

3

4

1 2 莫斯科公园

设计：北京市土人城市规划设计有限公司
绘制：丝路数码技术有限公司

3 4 5 大通豪庭景观设计

设计：浙江中和建筑设计院
绘制：杭州景尚科技有限公司

4

5

城北中心广场项目

设计：盛隆建筑设计
绘制：成都上润图文设计制作有限公司

2 四合院项目

设计：美国思纳史密斯建筑设计
绘制：成都上润图文设计制作有限公司

4 大通豪庭

设计：浙江中和建筑设计院
绘制：杭州景尚科技有限公司

2 某湿地公园

绘制：上海日盛

某景观

绘制：上海携客

1 沃尔玛屋顶花园

绘制：苏州蓝色河畔

1

1 东北烟厂景观
绘制：上海赫智

1

2

2 东北烟厂景观

绘制：上海赫智

3 某居住区景观

绘制：杭州禾本

2 3 某湿地公园

绘制：上海日盛

《2015建筑＋表现》

正在征集中……

投稿QQ：2381577462

Contributions 征稿

Wanted…

进行中……

室内 · 建筑 · 景观

感谢您的参与！

TEL：010-67837998 010-67533200　E-MAIL: jidianbotu@163.com　bjrunhuan@163.com
地址：北京亦庄经济技术开发区 中辉世纪传媒大厦B座2层